Daniel von Kirchner

Die Wirkungsweise der Diode (Technik, 9. Klasse, Haupt- und Realschule)

GRIN Verlag

Unterrichtsentwurf für einen Unterrichtsbesuch im Fach Technik an Haupt- und Realschulen

Sekundarbereich I

Thema der Stunde:

Die Wirkungsweise der Diode

Daniel von Kirchner

Fach: Technik
Klasse: 9

Thema der Unterrichtseinheit: Einführung in die Elektrotechnik

Thema der Unterrichtsstunde: Die Wirkungsweise der Diode

Inhalt:

Stundenziel:

Die Schüler[1] sollen die Wirkungsweise einer Diode mit Hilfe eines einfachen Stromkreises ermitteln und die Funktion anhand von Modellen erfassen.

Teilziele: Die Schüler sollen...

- mit Elektrobausteinen eine Grundschaltung mit einer Diode aufbauen
- die Wirkungsweise einer Diode in einem einfachen Stromkreis beschreiben
- mit Hilfe des Diodenmodells die Ventilwirkung analysieren
- die Ventilwirkung mit eigenen Worten beschreiben

Stellung der Stunde in der Unterrichtseinheit:

- Einführung in die Elektrotechnik (1)
- Grundlagen: elektrischer Strom, Widerstand, Spannung/ Bauteile (2)
- Umgang mit dem Multimeter (2)
- Herstellung von Platinen (1)
- Die Spannungsverteilung in der Reihen- und Parallelschaltung (2)
- Bohren und Bestücken der Platine (2)
- Stromstärkemessungen in der Reihen- und Parallelschaltung (1)
- Endfertigung des Setzspiels/ Funktionsprüfung/ Fehlerbehebung (2)

---

[1] Der Begriff wird zur sprachlichen Vereinfachung im Folgenden synonym für Mädchen und Jungen verwendet.

1. Beschreibung der Lerngruppe

Seit dem XX.XX.XXXX (2. Schulhalbjahr XXXX) unterrichte ich in der Klasse 9 im Rahmen meines eigenverantwortlichen Unterrichts im Fach Technik wöchentlich 2 Stunden. Das Fach Technik müssen die Schüler jeweils für ein halbes Jahr pro Schulhalbjahr belegen. Im zweiten Halbjahr wechselt der Kurs. Der Halbjahreskurs besteht somit aus XX Schülern; davon sind X Mädchen und X Jungen.

Neben den X in Deutschland geboren Schülern, kommen X nicht gebürtig aus Deutschland. In Hinblick auf diesen Aspekt werden jedoch keine gravierenden sprachlichen Probleme deutlich. Sie sprechen fließend deutsch, wenn auch z. T. mit Akzent und geringen grammatikalischen Einschränkungen. Der wesentliche Teil der Schülerschaft arbeitet schon seit Beginn der 7. Klasse zusammen, wobei sich einige Schüler bereits aus der damaligen „Orientierungsstufe" kennen. Allgemein betrachtet herrscht seit Beginn des neuen Schulhalbjahres in dem Kurs eine relativ entspannte und angenehme aber dennoch konzentrierte Arbeits- und Lernatmosphäre, die den Unterricht als solches positiv beeinflusst. Jedoch benötigen die Schüler innerhalb der Unterrichtsstunden viele Methodenwechsel, da es ihnen zunehmend schwer fällt, über einen längeren Zeitraum an einer Aufgabe zu arbeiten. Das Verhältnis von Schüler zu Lehrer kann als positiv und vertraut beschrieben werden. Das Leistungsvermögen der Lerngruppe ist in Hinblick auf den Teilaspekt „praktisches Arbeiten" wie auch auf das Erarbeiten von theoretischen Grundlagen als leistungsheterogen zu beschreiben. Dadurch ist es oft notwendig, innerhalb der Lerngruppe zu differenzieren. Dabei hat es sich als zweckdienlich erwiesen, um auch soziale Kompetenzen zu fördern, dass leistungsstarke mit leistungsschwächeren Schülern zusammenarbeiten. Hierdurch ist es möglich, dass man sich gegenseitig Hilfestellung gibt und in der Konversation mit anderen Schülern erworbenes Wissen anwendet und rekapituliert. Des weitern werden Differenzierungen dahingehend durchgeführt, dass meist leistungsstarke Schüler Zusatzaufgaben erhalten oder aber leistungsschwache Schüler Hilfen in verschiedenen Formen angeboten bekommen. Im Bereich der mündlichen Beteiligung sind besonders X., Y. und Z., hervorzuheben.

In Hinblick auf ihr mündliches Leistungsvermögen wird immer wieder deutlich, dass sie sich auch über zu bearbeitende Themen hinaus beschäftigen und somit wesentlich an dem Lernfortschritt der gesamten Lerngruppe beteiligt sind. X2., X3. und X4. beteiligen sich eher weniger effektiv mündlich am Unterricht.

Um diese Schüler gezielt mit in den Unterrichtprozess einbinden zu können, versuche ich durch gewählte Sozialformen, wie auch Handlungen Gesprächsanlässe zu schaffen oder aber sie gezielt anzusprechen, um so eine aktive Beteiligung am Unterricht gewährleisten zu können. Bei X5. und X6. fällt besonders auf, dass sie oft über das nötige Wissen verfügen, jedoch dieses nicht verbal kenntlich machen. In Hinblick auf das Sozialverhalten sei zu erwähnen, dass die Gruppe sich stark durchwachsen präsentiert,   wodurch eine strikte

Anlehnung/ Einhaltung an die zu Beginn des Schulhalbjahres erstellten Regeln (Umgang mit Schülern, Umgang im Technikraum, Umgang mit Werkzeugen) unablässig ist. Dennoch arbeitet die Gruppe zielorientiert und zuverlässig an der Erledigung der gestellten Aufgaben. Bei der Erarbeitung von theoretischen Aspekten hat es sich als sehr zweckdienlich gezeigt, diese in Gruppen- oder aber Partnerarbeit durchzuführen. Besteht die Möglichkeit im Unterricht Partnerarbeit durchzuführen[2], sollte man hier den methodischen Schwerpunkt setzen, um alle Schüler aktiv am Lernprozess zu beteiligen.

Lernausgangslage:

Die Lerngruppe hat sich seit Beginn des Schulhalbjahres grundlegend mit dem Thema „Einführung in die Elektrotechnik" beschäftigt. Die Schüler sind überwiegend in der Lage wesentliche Aussagen zu den Begriffen Strom, Widerstand und Spannung zu treffen. Des weiteren haben sich die Schüler mit Spannungs- und Stromstärkemessung in Reihen- und Parallelschaltungen beschäftigt und dazu mit Hilfe des Multimeters Messreihen durchgeführt. Im weiteren Verlauf der Unterrichtseinheit haben sie neben dem Aufbau von elektronischen Schaltbildern auch verschiedene Bauteile (Schalter, versch. Stromquellen, Verbraucher) kennen gelernt. Dabei haben sie bereits erste praktische Erfahrungen zum Thema Löten gemacht, indem sie eigenständig die Elektrobausteine, die für das jeweilige Stundenthema erforderlich waren, herstellten. Des weiteren wurden sie in das Herstellen von Platinen eingewiesen und haben dazu ein Setzspiel hergestellt. In der vorangegangenen Unterrichtsstunde haben sich die Schüler nochmals wiederholend mit dem Bauteil Widerstand auseinandergesetzt, indem sie Messreihen am Bauteil durchgeführt und sich mit der Funktion des Bauteils auseinander gesetzt haben.

Lernvoraussetzung:

Für die Unterrichtsstunde ist es erforderlich, dass die Schüler wissen, dass die Spannung parallel zum Verbraucher gemessen wird. Außerdem müssen sie den Umgang mit dem Multimeter beherrschen, um Spannungsmessungen an der Diode wie auch am Verbraucher durchführen zu können.

---

[2] vgl. Methodische Analyse (4)

2. Sachanalyse

Grundlegend bestehen Dioden (griech. di = zwei, doppelt und hodos = Weg) aus Halbleitermaterialien, die unter dem Einfluss von Wärme elektrisch leitfähig werden. Der Anschluss an der P-Seite heißt Anode, der Anschluss an der N-Seite Katode[3],[4]. Meist wird als Material für die Herstellung von Dioden Silizium verwendet. Jedes Siliziumatom besitzt auf der äußeren Schale 4 Elektronen, die auch als Valenzelektronen bezeichnet werden. Da die Leitfähigkeit von reinen Halbleitern bei Zimmertemperatur relativ schlecht ist, bringt man in das 4-wertige Halbleitermaterial 5- bzw. 3-wertige Fremdatome ein. Diese gezielte Veränderung der Leitfähigkeit fasst man auch unter dem Begriff „Dotierung" (Halbleiter ist verunreinigt) zusammen. Durch das Einbringen der Fremdatome kann man einen positiven bzw. negativen Ladungsträgerüberschuss erzielen. Lagert man nun ein 5-wertiges Fremdatom in eine der beiden Schichten des Siliziums ein, steht ein zusätzlicher freier Ladungsträger zur Verfügung und der Kristall ist negativ leitend. Um eine positiv leitende Halbleiterschicht zu erhalten, fügt man ein 3-wertiges Fremdatom in das Siliziumkristall ein. Es entsteht eine Fehlstelle (Loch). Fügt man nun zwei dieser unterschiedlichen Halbleiterschichten aneinander, entsteht an der Grenzschicht der Halbleiterschichten ein p-n-Übergang. die an den Enden mit metallischen Kontakten versehen sind.

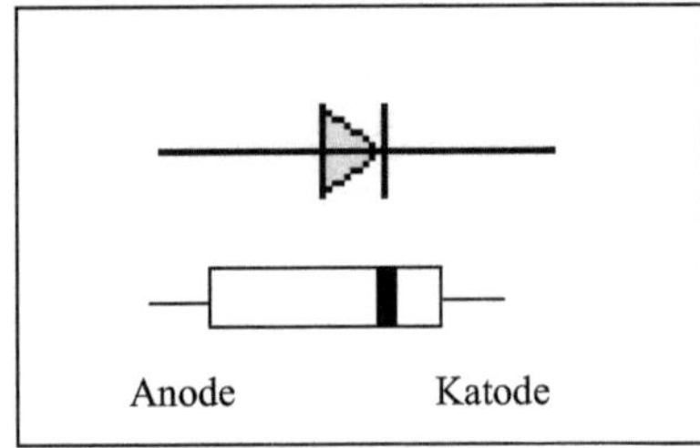

Abbildung1: oben: Schaltzeichen der Diode unten: Diode als Bauteil[5]

An der Stelle, wo der N-Leiter mit dem P-Leiter aneinander stößt, kommen durch thermische Bewegung freie Elektronen aus dem N-Leiter in den P-Leiter und besetzen die dort vorhandenen Elektronenlöcher (Defektelektronen). Durch Abwanderung der Elektronen entsteht in der n-leitenden Schicht eine positiv geladene Zone, in der p-leitende Schicht durch die Zuwanderung von Elektronen eine negativ geladene Zone. Diese Aufladung wirkt der Elektronenbewegung entgegen und beendet diese schließlich. In der sehr dünnen Grenzschicht (ca. 1/100 mm Dicke)[6] zwischen der n-leitenden und der p-leitenden Schicht

---

[3] Bastian, Peter, 195
[4] vgl. Arbeitsblatt M2/ Lösung
[5] Schaltzeichen der Diode (vgl. Crocodile Clips) Bauteil (eigener Entwurf)
[6] vgl. www.zum.de/dwu/pet101vs.htm , Bleher, Werner, 235

gibt es weder freie Elektronen noch Löcher (keine beweglichen Ladungsträger). Dabei verhält sich die Grenzschicht wie ein Nichtleiter. Wenn eine Diode in Durchlassrichtung geschaltet wird, werden Elektronen vom Minuspol der Spannungsquelle in den N-Leiter geschoben und vom Pluspol aus dem P-Leiter abgezogen. Durch diese Verschiebung wird die Situation in der Grenzschicht verändert. Auf der Seite der negativen Halbleiterschicht wandern Elektronen und auf der Seite der positiven Halbleiterschicht Löcher in die Grenzschicht des Halbleiters. Diese wird durch diesen Vorgang immer dünner. Sie verschwindet ganz, wenn eine Spannung von 0,7 Volt erreicht ist. Diese Spannung wird auch unter dem Begriff Schwellenspannung[7] zusammengefasst. Nun können ständig Elektronen aus dem N-Leiter in Löcher des P-Leiters gelangen und damit die Grenze zwischen N- und P-Leiter überwinden. Ein Strom kann fließen. Wird die Diode in Sperrrichtung geschaltet, werden vom Minuspol der Spannungsquelle Elektronen in die positiv leitende Schicht geschoben. Die Löcher bewegen sich zu den Elektronen und werden durch diese besetzt. Der Pluspol zieht dagegen Elektronen aus dem N-Leiter ab. Dabei bewirken beide Vorgänge, dass sich die Zahl der Löcher als auch die der Elektronen an der Grenzschicht immer stärker verringert. Dabei wird die isolierende Grenzschicht immer größer. Durch die Vergrößerung der Schicht im Halbleiter wirkt die Diode wie ein Isolator und verhindert, dass ein Strom fließen kann[8]. Zusammenfassend kann man die Diode (rein in der Funktion) mit einem Ventil[9] vergleichen. Im übertragenen Sinne kann in Durchlassrichtung Luft durch das Ventil in den Reifen eindringen (Strom fließt, Glühlampe leuchtet). In Sperrrichtung kann keine Luft entweichen bzw. in das System eingebracht werden (Strom kann nicht fließen, Glülampe leuchtet nicht).

In der Elektrotechnik werden Dioden in elektronischen Schaltungen als Gleichrichter eingesetzt[10]. Damit erreicht man eine Umwandlung des elektrischen Wechselstroms zu Gleichstrom. Neben der normalen Halbleiterdiode gibt es u. a. spezielle lichtemittierende Dioden, wie z. B. die Leuchtdiode.

---

[7] Der Begriff Schwellspannung wird, bezogen auf diese Unterrichtsstunde, aus Gründen der didaktischen Reduktion erst in der nächsten Unterrichtsstunde erarbeitet und bleibt dadurch im Rahmen der Unterrichtsstunde ausgeblendet. Um die Wirkung der Diode fachlich korrekt erläutern zu können, ist es erforderlich den Begriff hier aufzugreifen.
[8] Der chemische Vorgang innerhalb der Diode, der im eigentlichen Sinne die Funktionsweise der Diode beschreibt, wird aus Gründen der didaktischen Reduktion vereinfacht durch ein Modell dargestellt. (vgl. didaktische Analyse, Arbeitsblatt M2)
[9] vgl. Cieplik, 45
[10] vgl. Cieplik, 45

3. Didaktische Analyse

Das Thema der Unterrichtsstunde lautet „ Die Wirkungsweise der Diode". Es ist in die Unterrichtseinheit „ Vom elektronischen Bauteil zur elektronischen Schaltung (TE 11)[11]" eingebettet. Die Unterrichtseinheit ist entsprechend der Rahmenrichtlinien des Landes Niedersachsen für die Hauptschule und des Stoffverteilungsplanes der Haupt- und Realschule XXX[12] ein Bestandteil für den Unterricht im Fach Technik der Klassen 8 und 9 (H). Bezüge der gesamten Unterrichtseinheit „Vom elektronischen Bauteil zur elektronischen Schaltung" zu anderen Themenbereichen wie z. B. „Der regionale Wirtschaftsraum (AW3) sowie zu den RRL der naturwissenschaftlichen Fächern „Elektronik und Informationsverarbeitung" sind möglich.

Das Fach Technik hat primär die Aufgabe, Schülern eine grundlegende technische Bildung[13] zu vermitteln. Dabei soll das Verständnis alltagsrelevanter technischer Sachverhalte geschult werden. Das in der Unterrichtsstunde behandelte Bauteil „Diode" ist neben vielen anderen elektronischen Bauteilen Grundlage vieler technischer Funktionseinheiten. Das innerhalb der Unterrichtseinheit grundlegend angestrebte Verständnis der Schüler für die Begriffe Spannung, Stromstärke sowie das vertieft eingeübte Durchführen von Messungen in verschiedenen elektronischen Schaltungen ist vor allem in Hinblick auf eine breite technische Grundbildung der Schüler von besonderer Bedeutung. In Hinblick auf die in unmittelbarer Zukunft stehende Berufswahl ist es gerade bei der Wahl einer technischen Ausbildung von besonderer Bedeutung, dass die Schüler bereits in vielen verschiedenen Bereichen der Technik grundlegende Basiskenntnisse aufweisen. Durch das bereits erworbene technische Grundlagenwissen ist es desweitern möglich, eigenständig und sicher mögliche Fehler im Alltagsleben zu analysieren wie auch in der Ausbildung durchführen zu können und sich kritisch mit möglichen Lösungsansätzen auseinander zu setzen.

Um technische Sachverhalte/ Funktionsweisen besser deutlich machen zu können und sich einprägend einen einfachen Zugang zu verschiedenen Bereichen der Technik zu verschaffen, werden häufig einfache Modelle zu optischen Unterstützung eingesetzt. Hierdurch können komplizierte technische/ physikalische/chemische Sachverhalte wie z. B. die Wirkungsweise einer Diode auf das Wesentliche didaktisch reduziert werden.

Durch den Einsatz des Modells soll unter rein funktionalen Gesichtspunkten die Funktionsweise der Diode sichtbar gemacht werden.

Durch die Möglichkeit das eigenständig erarbeitete Modell beidseitig neigen zu können soll es möglich sein, den Stromfluss in Durchlassrichtung bzw. in Sperrrichtung mit Hilfe von Murmeln symbolhaft darzustellen. Die Murmeln im Modell sollen den Stromfluss der freien Elektronen im Bauteil verdeutlichen und stellen im übertragenen Sinne ein Modell im Modell

---

[11] vgl. RRL HS AW/T (TE11)
[12] vgl. Stoffverteilungsplan Technik, 4
[13] vgl. RRL, 19

dar. Aspekte wie bspw. eine ausgeglichene Ladung am Minus- wie auch Pluspol bleiben hier ausgeblendet.

4. Methodische Analyse

Dem Stundeneinstieg kommt eine wesentliche Bedeutung zu, da er motivierend die Lernbereitschaft der Schüler fördern soll. Zu Beginn der Unterrichtsstunde lässt der LA die Schüler vorn am Gruppentisch sammeln und präsentiert eine Diodenschaltung. Unter Beachtung der Diodenschaltung lässt der LA zunächst bekannte Bauteile aufzeigen und befragt diese in Hinblick auf das neue Bauteil. Der Begriff des Bauteils wird anschließend an die Tafel geschrieben. Der Anschrieb soll den Schülern das heutige zu erforschende Bauteil vergegenwärtigen. Durch die Anknüpfung an bereits bekannte Bauteile wird die Neugier bei den Schülern geweckt, dass neue Bauteil als solches näher zu erforschen. Um eine gemeinsame Basis für das Experimentieren mit dem Bauteil zu schaffen, wird unter Einbezug der Schüler gemeinsam die weitere Vorgehensweise besprochen. Dabei werden die Arbeitsschritte vorn auf der Tafel festgehalten. Durch die gemeinsame Erarbeitung der weiteren Vorgehensweise werden die Schüler aktiv in den Lernprozess und in die Problemstellung einbezogen. Als Alternative würde sich auch eine direkte Vorgabe der zu bearbeitenden Aspekte anbieten. Da die Lerngruppe in Bezug auf die Erarbeitung einer Problemstellung verhältnismäßig stark ist, wird jedoch von dieser Möglichkeit abgesehen. Falls dennoch Bedarf in Hinblick auf die weitere Vorgehensweise bestehen sollte, wird im Rahmen der Erarbeitungsphase I eine Hilfe (Hilfe I) angeboten, die vorn auf der Lerntheke ausliegt. In Hinblick auf die Hinführungsphase werden die Arbeitsplätze eigenständig für die bevorstehende Partnerarbeit eingerichtet und das Arbeitsblatt M1 an die Schüler verteilt. Um die Wirkungsweise der Diode anhand von Messungen und dem unterschiedlichen Einbau des Bauteils zu erarbeiten (Durchlassrichtung/ Sperrrichtung)[14], habe ich mich bewusst für eine Partnerarbeit und gegen eine Gruppenarbeit entschieden, um alle Schüler aktiv am Lernprozess beteiligen zu können. Innerhalb der Gruppenarbeit hatte sich des Öfteren gezeigt, dass einige Schüler Arbeiten an andere Schüler abgeben und sich gekonnt aus dem Unterrichtsgeschehen ausklinken[15]. Nach der eigenständigen Erarbeitung der Aufgaben und der schriftlichen Formulierung der Ergebnisse auf dem Arbeitsblatt[16], werden die Schüler nach vorn an den Gruppentisch gebeten. Hier soll ihnen im Rahmen eines Unterrichtsgespräches die Möglichkeit geboten werden, ihre Ergebnisse den anderen Schülern zu präsentieren. Durch das Vorstellen der Ergebnisse soll das freie Sprechen und Präsentieren vor anderen Schülern trainiert werden. Innerhalb eines gelenkten

---

[14] vgl. Sachanalyse (2)
[15] vgl. Beschreibung der Lerngruppe (1)
[16] Sollten in Hinblick auf die Formulierung der Erkenntnisse der Erarbeitungsphase I Probleme entstehen, steht eine weitere Hilfe (II) in Form eines Lückentextes für die Schüler bereit.

Unterrichtsgespräches sollen Bezeichnungen der Bauteilseite erarbeitet und Vermutungen zur Wirkungsweise der Diode aufgestellt werden. Durch gezielte Impulse von Seiten des LA werden die Schüler auf die zweite Erarbeitungsphase vorbereitet. Dabei wird darauf geachtet, dass grundsätzlich die Schüler aktiv eingebunden werden. Um durch die erarbeiteten Ergebnisse der Erarbeitungsphase I Rückschlüsse auf die Wirkungsweise der Diode zu erhalten, setzen sich die Schüler in 2 Gruppen innerhalb der Erarbeitungsphase II mit Diodenmodellen auseinander. Dabei wird das Diodenmodell primär aus Gründen der didaktischen Reduktion verwendet. Um die Schüler als solches nicht zu überfordern bleiben chemische/physikalische Prozesse in der Diode ausgeblendet[17]. Der Einsatz des Diodenmodells bewirkt desweiteren, dass sich die Schüler aktiv erforschend die Wirkungsweise der Diode besser einprägen können. Abschließend präsentieren die Gruppen ihre gemachten Erfahrungen und erklären unter Einbezug des Modells eigenständig die Funktion. Um die Ergebnisse zu sichern, besteht innerhalb einer EA die Aufgabe, diese eigenständig auf dem Arbeitsblatt M2 zu formulieren. Anschließend werden diese mündlich vorgestellt. Außerdem wird eine mögliche Lösung durch den LA auf den OHP gelegt. Dadurch soll es den Schülern ermöglicht werden, ihre Ergebnisse ggf. zu überarbeiten. Als didaktische Reserve wird eine „Diodenblackbox" bereit gehalten, die, wenn Zeit bestehen sollte, dahingehend eingesetzt wird, dass innerhalb der Unterrichtsstunde erlernte Wissen nochmals zu reaktivieren.

---

[17] vgl. Sachanalyse (2)
Um die Funktionsweise der Diode besser verstehen zu können, macht es sich erforderlich im Rahmen der Sachanalyse genauer auf die chemischen Prozesse einzugehen.

5. Anhang

Geplanter Unterrichtsverlauf   **Thema: Die Wirkungsweise der Diode**   **Klasse 9**

Phase/ Zeit	Geplantes Lehrerverhalten	Erwartetes Schülerverhalten	Arbeits- und Sozialform/ Medien
Einstieg (7 min)	L. präsentiert Sch. eine einfache elektronische Schaltung. L. befragt Sch. zur aufgebauten Schaltung und verteilt an die Sch. die Diode als elektronisches Bauteil L. befragt Sch. welche Möglichkeiten bestehen, dass Bauteil als solches näher zu betrachten. (Lösungsansätze für die weitere Bearbeitung) L. gibt ggf. Hilfestellung und hält erarbeitete Schritte zur folgenden Erarbeitung an der Tafel fest.	Sch. betrachten die Schaltung, nennen die Bauteile die sie in der Schaltung sehen und vermuten, dass es sich um eine Widerstandsschaltung handelt, Sch. erkennen, dass das Bauteil Ähnlichkeit zum Widerstand hat, jedoch nur einen schwarzen breiten Rand aufweist, beschreiben das Schaltzeichen, dass sich unterhalb des reellen Bauteil befindet und stellen Vermutungen an. Sch. erarbeiten Lösungsansätze und erklären, dass sie zunächst -eine einfache Schaltung mit dem Elektronikbausteinen aufbauen, Spannungsmessungen durchführen, Schaltplan zeichnen und Ergebnisse schriftlich festhalten	UG Elektronische Grundschaltung, Spannungsquelle, Bauteil Diode Tafel
Hinführung (2 min)	L. lässt AB M1 an die Sch. verteilen und beauftragt Sch. Arbeitsplätze für die Erarbeitung einzurichten. L. (sollte Bedarf bestehen) macht Sch. aufmerksam, dass sie bei Bedarf auf Hilfen zurückgreifen können.	Sch. richten Arbeitsplätze ein.	UG/ PA Arbeitsblatt M1, Hilfen Experimentierbrett, Glühlämpchenbausteine, Diodenbausteine, Spannungsquelle,
Erarbeitung I (10 min)	L. fordert Sch. auf mit der Bearbeitung der gemeinsam erarbeiteten Aufgabenstellung zu beginnen.	Sch. bearbeiten die Aufgaben in Partnerarbeit.	PA Arbeitsblatt M1, Hilfen Experimentierbrett, Glühlämpchenbausteine, Diodenbausteine, Spannungsquelle,
Sicherung I (4 min)	L. lässt Sch. am Gruppentisch sammeln und befragt Sch. nach ihren Zwischenergebnisse I. bittet Sch., aufbauend auf den erarbeiteten Ergebnissen, Vermutungen zu der Funktion der Diode zu äußern. (Wie könnte man die Funktion der Diode ggf. darstellen)	Sch. sammeln sich am Gruppentisch und erläutern ihre Erkenntnisse aus der Erarbeitungsphase: - die Lampe leuchtet bei einer bestimmten Polung (Sch. können sich die Funktion der Diode nicht erklären bzw. deren Funktion nicht deuten) Sch. stellen Vermutungen an	UG, Arbeitsblatt M1, Hilfen Experimentierbrett, Glühlämpchenbausteine, Diodenbausteine, Spannungsquelle,

Erarbeitung II (7 min)	L. teilt Sch. in zwei Gruppen ein und beauftragt Sch. mit Hilfe eines Diodenmodells die Funktion der Diode zu erarbeiten.	Sch. bilden zwei gleich große Gruppen und gehen an die Gruppenarbeitstische. Sch. erarbeiten mit Hilfe des Modells die Funktion des Modells und erkennen, dass das Modell der Diode Murmeln nur in eine Richtung fließen lässt.	GA, Diodenmodell
Auswertung (8 min)	L. lässt die Gruppen ihre Ergebnisse präsentieren. L. gibt ggf. Impulse. L. ergänzt ggf. die Ausführungen der Sch. und bezeichnet das Bauteil. L. lässt AB II an die Sch. verteilen.	Sch. präsentieren ihre Erkenntnisse mit Hilfe des Modells. (Sch. erklären, dass das Bauteil nur von einer Seite zu öffnen ist und zur anderen Seite gesperrt ist. („Fahrradventil- Prinzip") Sch. verteilen das AB II.	UG, Diodenmodell, Plakat → Schaltzeichen Diode Arbeitsblatt M2
Sicherung (7 min)	L. fordert Sch. auf ihre Beobachtungen schriftlich auf dem AB II festzuhalten. L. lässt verschiedene Lösungen vorlesen und legt eine mögliche Lösung auf den OHP.	Sch. erarbeiten Merksatz und halten diesen schriftlich auf dem AB II fest. Sch. lesen ihre Ergebnisse laut vor. Ggf. überarbeiten sie ihre Lösungen.	EA/ PA, Arbeitsblatt M2, UG, die Lösung entspricht den Lückentext, der als Hilfe II angeboten wird.
Didaktische Reserve	L. präsentiert eine einfache elektronische Grundschaltung mit einer Diode in einer Blackbox und wechselt die Anschlussseiten. L. befragt Sch. zu den Beobachtungen.	Sch. erklären mit eigenen Worten die Funktionsweise der Diode und erläutern ihre Aussagen.	Netzteil, Glühlämpchen, Diode als Blackbox

<table>
<tr><td>Fach: Technik</td><td>Name:</td><td>Klasse: 9</td><td>Datum:</td></tr>
</table>

....

Schaltplan (1)

$U_{Netzteil}$	U_{Diode}	$U_{Glühlampe}$

5V

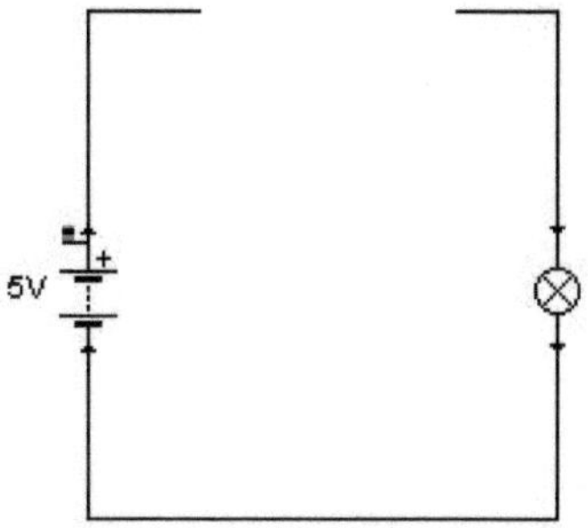

Schaltplan (2)

$U_{Netzteil}$	U_{Diode}	$U_{Glühlampe}$

5V

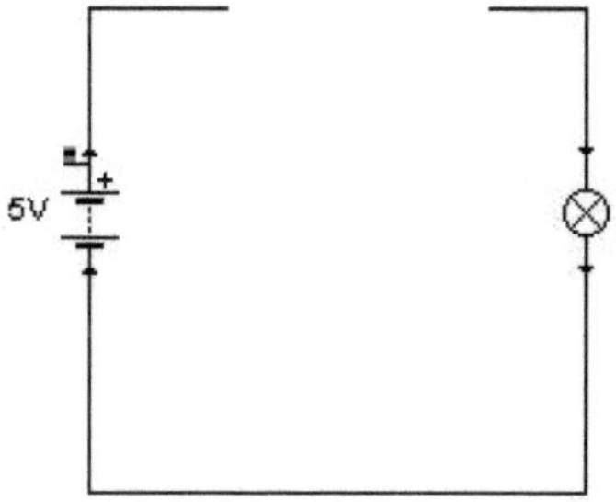

Ergebnis:

....

....

....

....

....

<table>
<tr><td>Fach: Technik</td><td>Name:___________
Lösung</td><td>Klasse: 9</td><td>Datum: _________</td></tr>
</table>

Die Diode

Schaltplan (1)

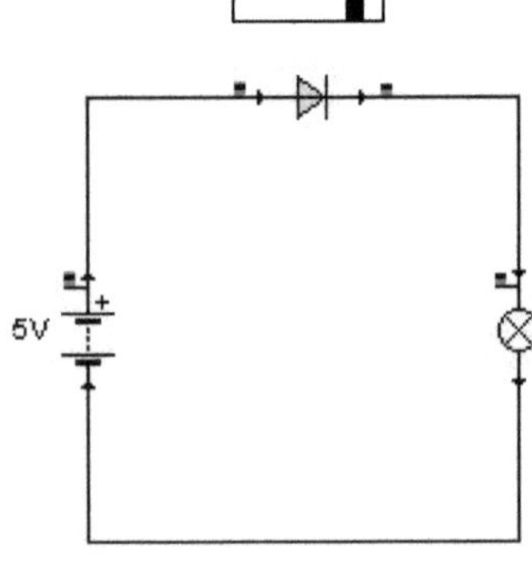

$U_{Netzteil}$	U_{Diode}	$U_{Glühlampe}$
5 V	1 V	4 V

Schaltplan (2)

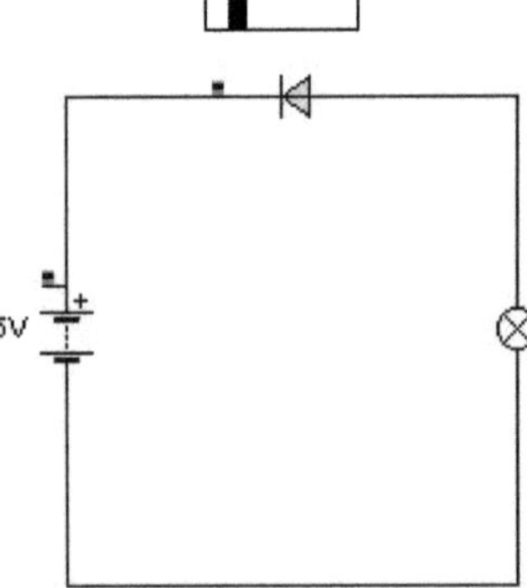

$U_{Netzteil}$	U_{Diode}	$U_{Glühlampe}$
5 V	5 V	0 V

Ergebnis:

In Schaltung I leuchtet das Glühlämpchen. An der Diode fällt eine Spannung von ~ 1 Volt ab. An der Glühlampe fällt eine Spannung von ~ 4 Volt ab.

In Schaltung II leuchtet das Glühlampchen nicht. An der Diode fällt eine Spannung von ~ 5 Volt ab. An der Glühlampe ist keine Spannung messbar.

....

15

....

....

....

....

....

....

....

....

....

....

Die Wirkungsweise der Diode

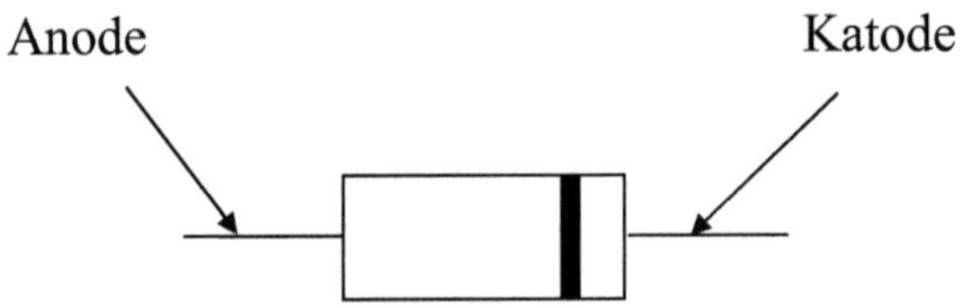

Anode

Katode

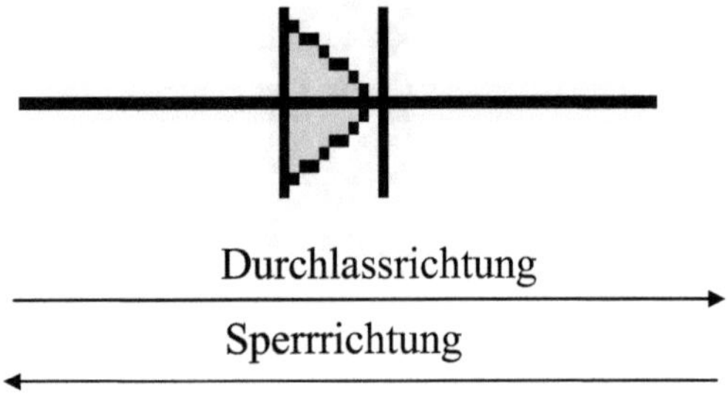

Durchlassrichtung

Sperrrichtung

Die Diode wirkt vergleichbar wie ein Fahrradventil. Die Diode lässt den Strom nur in einer Richtung fließen (Durchlassrichtung), in der anderen sperrt sie den Stromfluss (Sperrrichtung).

Hilfe 1 für die Erarbeitung:

Arbeitsauftrag:

1. Baue zunächst mit Hilfe folgender Bauteile eine elektrische Schaltung auf:

    - Netzteil (einstellen auf 5 Volt)

    - 1 Baustein „Diode"

    - 1 Baustein „Glühlämpchen"

2. Messe mit Hilfe des Multimeters die Spannung an der Diode und an dem Glühlämpchen! Trage die Ergebnisse in die Tabelle auf dem AB ein und vervollständige den Schaltplan!

2. Nehme die Diode aus der Schaltung und baue sie anders herum ein!

3. Messe nun auch hier die Spannung an den Bauteilen und notiere die Ergebnisse!

4. Formuliere schriftlich deine Erkenntnisse!!

<table>
<tr><td>Fach: Technik</td><td>Name:___________</td><td>Klasse: 9</td><td>Datum:
_______</td></tr>
</table>

Hilfe 2 für die Erarbeitung:

Übernehme den Lückentext und vervollständig ihn mit Hilfe deiner gemachten Erkenntnisse!

In Schaltung I .... das Glühlämpchen. An der Diode fällt eine

Spannung von .... Volt ab. An der Glühlampe fällt eine Spannung von

.... Volt ab.

In Schaltung II .... das Glühlampchen .... An der

Diode fällt eine Spannung von .... Volt ab. An der Glühlampe ist

.... Spannung messbar.

Quellenverzeichnis

(1) Bastian, Peter u. a. (2004): Fachkunde Elektrotechnik. 24. überarbeitete und erweiterte Auflage. Europa Lehrmittel Verlag Haan Gruiten

(2) Bleher, Werner u.a. (2005): Umwelt: Technik 7-10 Ausgabe B. 1. Auflage, Klett-Verlag

(3) Cieplik, Dieter u. a. (2001): Erlebnis Physik/ Chemie 3. Schroedel-Verlag, Hannover

(4) Geiger, Werner (u.a.) (1994): Natur und Technik. Physik/ Chemie. 1. Auflage. Cornelsen

(5) Gewerkschaft Erziehung und Wissenschaft (Hrsg.) Das Niedersächsische Schulgesetz (Stand Oktober 2000)

(6) Henseler, Kurt/ Höpken, Gerd (1996): Methodik des Technikunterrichts. Bad Heilbrunn; Klinkhardt

(7) Niedersächsisches Kultusministerium (Hrsg.) (1997): Rahmenrichtlinien für die Realschule. Arbeit/Wirtschaft – Technik. Schroedel -Verlag

Internetquellen

„Diode": www.zum.de/dwu/pet101vs.htm recherchiert am 11.10.2006